KB025953

바다에서 만나는 인공 구조물

과학으로 보는 바다 06

바다에서 만나는 인공 구조물

초판 1쇄 발행 | 2017년 1월 1일

지은이 | 조홍연
펴낸이 | 이원중

펴낸곳 | 지성사 **출판등록일** | 1993년 12월 9일 등록번호 제10-916호
주소 | (03408) 서울시 은평구 진흥로 1길 4(역촌동 43-12), 2층
전화 | (02) 335-5494 **팩스** | (02) 335-5496
홈페이지 | 지성사.한국 / www.jisungsa.co.kr **이메일** | jisungsa@hanmail.net

ⓒ 조홍연, 2017

ISBN 978-89-7889-327-5 (04400)
978-89-7889-269-8 (세트)
잘못된 책은 바꾸어드립니다. 책값은 뒤표지에 있습니다.

〈과학으로 보는 바다〉 시리즈는
한국해양과학기술원의 주요 연구 사업에 대한 과학기술적 성과와 연구 과정을 담은 생생한 사진을
청소년은 물론 일반 독자들과 나누기 위하여 한국해양과학기술원에서 기획한 과학 교양도서입니다.
한국해양과학기술원 홈페이지 www.kiost.ac.kr

이 도서의 국립중앙도서관 출판예정도서목록(CIP)은 서지정보유통지원시스템 홈페이지(http://seoji.nl.go.kr)와
국가자료공동목록시스템(http://www.nl.go.kr/kolisnet)에서 이용하실 수 있습니다. (CIP제어번호:CIP2016031482)

바다에서 만나는

인공 구조물

조홍연 지음

지성사

우리가 즐겨 찾는 바닷가에는 자연과 인공이 공존하고 있다. 자연으로서의 바다, 드넓고 탁 트인 바다는 정서적인 안정을 주는가 하면, 다양한 바다 지형과 바다에 사는 생물은 경탄을 자아내며 신비로움을 선사하기도 한다. 또한 그 끝을 알 수 없는 깊고 거친 바다는 우리에게 경외감을 불러일으키기도 한다.

이렇듯 자연은 감성적인 측면에서 그 존재 이유가 충분하지만 바다에서 만나는 인간의 작품, 곧 인공 구조물은 감성적인 측면이 아니라 이성적인 측면에서 존재 이유를 알아야 한다. 왜 이 구조물을 만들었을까? 그 존재 이유는 구조물의 역할에서 찾아야 할 것이다.

바다를 터전으로 삼아 살아가고, 바다를 다양한 목적으로 이용하는 사람에게는 여러 가지 인위적인 도움이 필요하다. 그 도움은 자연스럽게 제공되는 것이 아니라 그것이 필요한 사람의 요구에 걸맞은 다양한 구조물로 반영된다. 이러한 인공 구조물은 자연을 품에 안은 바다와는 상충되는 특성이 있어 당연히 구조물 건설에 따른 부작용으로 이어질 수밖에 없다.

최근에는 바다의 가치가 중요하게 부각되면서 보전과 개발이라는 두 논리가 첨예하게 맞서고 있다. 이러한 대립에는 자연 보전 또는 개발 우선이라는 극단적인 선택보다는 둘 사이의 접점에 최적의 해답이 있으리라 생각한다. 그 최적의 해답은 곧 자연 보전과 개발에 대한 균형 잡힌 시각에서 얻을 수 있다. 이 책에서는 자연스럽고 감성적인 견해에 대비되는 이성적인 시각으로 다양한 해안 구조물의 존재 이유를 살펴보고자 한다.

차례

© 인천항만공사

SWL Cargo Beam 80t
rgo Beam 80t
105

01

바닷가에는 무엇이 있는가?

"아빠, 저게 뭐야?"

바다로 여행을 다니면서 우리 아이가 나에게 가장 많이 던진 말이다.

우리나라 바다를 여행하다 보면 바닷가에 사람이 어떤 목적을 가지고 만든 크고 작은 여러 가지 구조물 및 시설, 공간이 자주 눈에 들어온다.

도대체 저 구조물은 왜 만들었고 어떻게 만들어졌는지, 요즈음 중요한 주제가 되고 있는 환경문제는 없는지 등 다양한 궁금증이 생긴다. 그리고 태풍이 지나갈 때 뉴스의 배경화면으로 자주 보이는 방파제와 방조제는 어떻게 다르고, 항만과 어항의 차이는 무엇인지에 대한 궁금증도 생긴다. 바다를 이용하는 시설은 무엇이며, 바다에서 생길 수 있는 위험에 대비하는 시설은 무엇인지 등에 대한 궁금증도 있다. 이러한 궁금증을 풀려면 어떤 과정이 필요할까?

바닷가, 곧 연안의 구조물을 이해하려면 기본적으로 우리나라 해양 환경에 대한 이해, 그리고 한자나 영어로 된 구조물의 이름에 익숙해지고 바다의 특성과 구조물의 크기에 대한 감각을 가져야 한다. 먼저, 연안이라는 말은 '물가'라는 일반적인 용어이기도 하지만 '해안coastal'이라는 용어처럼 '바닷가'를 의미하기도 한다. 동해안, 서해안, 남해안, 태평양 연안, 대서양 연안 등등. 따라서 연안 구조물이란 바닷가에 있는 구조물을 의미한다고 할 수 있다.

구조물은 사람이 필요에 따라, 즉 어떤 목적을 가지고 만든 것으로 각각 고유의 기능을 가지고 있다. 사람이 아닌 동물 또는 자연적인 원인으로 형성된 것은 자연 구조물에 해당한다. 자연적으로 형성된 방파제 역할을 하는 연안사주long-shore bar, 연안의 섬과 연결되어 도로 역할을 하는 육계사주(tombolo, 육지와 연결된 모래 언덕), 바닷바람에 날린 모래가 쌓여 형성된 거대한 모래 언덕(사구), 수중 방파제 역할을 하는 산호초(coral reef barrier, 산호의 군집) 등이 이에 해당된다. 이처럼 자연이 빚어낸 자연 구조물은 호기심보다는 신기함으로 가득한 감탄을 자아낸다.

이와는 달리, 자연현상이 다양하게 펼쳐지는 바다의 위협(?)에 오랜 세월 동안 끊임없이 대항(저항)하기 위한 노력의 산물로 인간이 만든 인공 구조물은 우리의 호기심을 불러일으킨다. 인공 구조물 가운데 오랜 기간 보존되어 원래의 기능보다는 보존 가치가 더 큰 경우에는 유적(또는 문화재, 100년 이상 된 등대는 문화재로 등록이 가능하다)으로 자리매김하겠지만, 이 책에서는 현재 고유 기능과 목적에 걸맞게, 또는 목적을 달리하

▸▸ 충청남도 태안군 신두리 해안사구

여 이용하더라도 현재 이용되고 있는 구조물과 시설물을 대상으로 한다.
연안의 구조물은 바다의 위협을 줄이기 위해 자연적으로 형성된 구조물을 이용하는 경우도 있지만, 좀 더 효율적으로 바다를 이용하고 적절한 원리(경제적인 타당성과 과학원리)에 따라 인간이 운영·활용·이용하는 크고 작은 인위적인 모든 구조물을 가리킨다.
이 책에서는 이러한 구조물의 고유 기능이 무엇이며 왜 연안에 건설했는지, 그리고 최근 중요하게 부각되고 있는 환경·생태학적인 문제는 없는지, 있다면 그 문제를 해결할 수 있는 방법은 무엇인지 등에 대한 내용을 중심으로 살펴보기로 한다.

▶▶ 수중 방파제 역할을 하는 산호초

▶▶ 인천광역시 유형문화재 제40호로 지정(2002년)된 팔미도 등대(앞쪽 부분)

LUNE
PANAMA

© 인천항만공사

02

연안 **구조물**의 구분

항구 구조물

우리나라 연안에는 무엇이 있을까? 우리나라 연안에 건설(설치)·운영되고 있는 구조물(시설)은 목적에 따라 다양하게 구분하지만, 서로 영향을 주고받고 있으므로 같은 구조물이라 할지라도 다양한 영역에 포함될 수 있고, 또 고유의 영역을 차지할 수도 있다.

항구는 '항의 입구'를 뜻하지만, 일반적인 의미로는 엄격한 용어 정의와는 상관없이 배가 드나드는 모든 곳을 의미한다. 이러한 항구는 전문적으로 항만과 어항으로 분류할 수 있다.

항만은 주로 물건과 사람의 이동을 위한 배가 드나드는 시설이며, 어항은 주로 수산물의 이동을 위한 목적(어업활동)으로 배가 드나드는 시설이다. 항구, 포구 등의 용어는 배가 드나드는 곳이라는 점에서는 같지만 기본적으로 규모(크기)의 차이가 용어의 차이를 반영한다고도 할 수 있다.

연안 구조물에서도 기능이나 성격은 비슷하지만 규모에 따라 용어가 달라지는 경우가 많다. 예를 들어 배 가운데 조금 큰 것은 선박, 특별한 목적을 띤 배에는 용도에 따라 이름을 달리하는 경우(컨테이너선, 바지선, 준설선 등)도 있다.

▸▸ 강원도 강릉시의 주문진항

K07-3024

같은 항구일지라도 규모가 작은 항구는 포구와 나루(터)이다. 지난날 바닷가에 위치하여 배가 드나들면서 교역이 활발했던 지역 이름에는 아직도 항(港), 포(浦), 진(津)이라는 용어가 남아 있다. 항구 지역은 인천-제물포, 부산-부산포, 부산진, 목포, 삼천포, 김포, 포항을 비롯해 이보다 작은 규모의 포구는 강경포구, 마포나루, 노량진, 주문진, 영산포, 서귀포, 부안 격포, 후포, 월포, 감포 등이 해당된다. 항만과 어항은 우리나라 바닷가의 대부분을 차지하고 있는 공간이며 매우 다양한 시설이 있으므로, 조금은 딱딱하지만 법률적인 설명에 따라 살펴보기로 한다.

+ 항만이란?

「항만법 제2조(정의)」 제1항에 따르면, 항만이란 선박의 출입, 사람의 승선(乘船, 배에 타는 것)과 하선(下船, 배에서 내리는 것), 화물의 하역(荷役, 화물을 배에 싣거나 내리는 것)·보관 및 처리, 해양 친수 활동 등을 위한 시설이 갖추어진 공간을 의미하며, 무역항과 연안항으로 구분한다. '무역항'은 국민경제 및 공공의 이해(利害)와 밀접한 관계가 있고 주로 외항선이 입항·출항하는 항만을 말한다. 그리고 '연안항'이란 주로 국내 항 사이를 운항하는 선박이 입항·출항하는 항만을 말한다. 우리나라에는 2016년 현재 무역항 31개, 연안항 29개가 있다.

또한 항만시설은 일정 공간에 물이 있는 공간(수역시설), 항만의 바다 쪽 경계에 해당하는 시설(외곽시설), 육지 공간(교통시설, 기능시설, 지원시설 등), 바다와 육지의 연결 지역에 있는 시설(계류시설) 등으로 구분할 수 있다.

+ 어항이란?

「어촌·어항법 제2조(정의)」에 따르면, 어항(漁港)이란 천연 또는 인공의 어항시설을 갖춘 수산업의 근거지로, 국가어항, 지방어항, 어촌정주어항, 마을공동어항으로 구분한다. 국가어항은 이용 범위가 전국적인 어항 또는 섬과 외딴 곳에 있어 어장의 개발 및 어선의

▸▸ 인천광역시의 인천신항(출처: 인천항만공사)

대피에 필요한 어항이며, 지방어항은 이용 범위가 지역적이고 연안어업에 대한 지원의 근거지가 되는 어항, 어촌정주어항(漁村定住漁港)은 어촌의 생활 근거지가 되는 소규모 어항, 마을공동어항은 어촌정주어항에 속하지 않은 소규모 어항으로 어업인이 공동으로 이용하는 항이나 포구를 가리킨다.

▶▶ 서해고속도로 끝자락에 있는 전라남도 목포시의 목포북항

▶▶ 1971년 국가어항으로 지정된 전라남도 영광군의 계마항

해수욕장, 갯벌 시설 등

배를 댈 수 있는 항구로 이용하는 바닷가가 있는가 하면, 항구처럼 두드러진 구조물이 있는 것은 아니지만 바다를 비교적 있는 그대로 이용하면서 바다 보호를 위해 규모가 작은 시설을 보조적으로 설치하여 이용하는 바닷가도 있다.

바닷가는 흙의 종류에 따라 다양하게 개발·이용된다. 모래나 자갈 등이 있는 경우에는 해수욕장으로, 펄(갯벌)이 있는 지역은 갯벌 생태체험 지역으로, 모세의 기적이라 불리는 전라남도 진도의 바닷가나 경기도 화성의 제부도 바닷가 지역은 밀물과 썰물로 물이 빠지면서 바다가 갈라지는 시기에 많은 사람의 방문이 이어지는 관광시설로 이용된다. 또한 바닷가에서는 수산자원 채취라는 어업활동이 이루어지기도 한다. 이처럼 어촌 체험, 갯벌 생태체험 등의 교육 목적과 관광 목적으로 이용하는 곳에는 주로 주변에 횟집단지, 숙박시설 등의 개발이 함께 이루어지고 있지만 이 시설들은 특별한 연안 구조물로는 볼 수 없다.

대표적인 연안 구조물은 해안 보호를 위한 호안시설이 대부분이며, 해안을 이용하는 사람의 안전을 위한 보호시설 정도가 중요한 구조물이다.

자연환경에 노출된 해수욕장에는 항상 위험이 도사리고 있다. 따라서 위험을 줄이고, 자연경관을 즐기는 방법으로 바닷가에 수영장을 설치하는 시설이 점차 늘어나고 있다. 해수욕장이 있는데, 웬 수영장인가에 대한 해명(?)이 될 것이다.

▶▶ 충청남도 태안군 파도리 해안

▶▶ 경기도 안산시의 탄도 갯벌 진입로

▶▶ 인천광역시 을왕리 해수욕장

방조제
_토지 조성을 위한 간척사업

국토 확장을 목적으로 우리나라 서해안 지역에서 비교적 얕은 바다에 집중되어 이루어진 간척사업(매립사업)은 전형적인 대규모 연안 개발사업이라 할 수 있다. 과거에는 경제성장과 농지조성이라는 목적에 발맞춰 진행되어 왔으나, 최근에는 방조제 건설에 따른 환경문제가 중요한 사안으로 등장하면서 개발이 지체되는 양상을 보이고 있다. 하지만 서해안에서는 여전히 '시화 MTVMulti Techno Valley 사업' 등 크고 작은 간척사업이 지속적으로 진행되고 있다.

바다를 가로질러 막는 간척사업의 대표적인 구조물은 방조제로, 탁 트인 바닷가를 바라볼 수 있는 전망을 제공하기도 한다. 방조제는 조수(潮水, 또는 조석潮汐, 밀물과 썰물)을 막는 제방이라는 뜻이며, 이와 대비되는 것으로 파도를 막는 방파제가 있다.

조수의 영향을 막는 방조제는 바닷가에 물샐틈없이 견고하게 울타리를 치는 것으로 이해할 수 있으며, 파도를 막는 방파제는 큰 파도가 밀려오는 바다의 일정 구간에 그에 저항할 수 있을 정도로 튼튼하게 장벽을 설치하는 것으로 이해할 수 있다.

이때 항만으로 배가 드나들어야 하기 때문에 출입구간은 남겨 놓아야 한다. 물론 수위 차가 있는 방조제에도 배가 드나들 수 있게 주로 하구둑에 통선문(通船門)을 설치하는 경우도 있다.

▶▶ 시화호의 통선문

▶▶ 전라북도 김제시, 군산시, 부안군을 연결하는 새만금 방조제(출처: 새만금사업추진기획단)

국가시설
_공업단지, 산업단지 등

지난날 간척사업이 농지조성이라는 취지에서 시행되었다면, 최근에는 농업 인구의 감소와 더불어 경제발전의 영향으로 공업단지, 산업단지 조성을 위한 토지 수요가 증가하면서 연안 매립사업이 곳곳에서 이루어지고 있다.

국가 산업단지 조성, 지방 산업단지 조성, 공업단지 조성, 주택단지 조성, 쓰레기 매립장 조성, 준설 토사 투기공간 조성 등의 목적으로 크고 작은 토지를 조성하는 사업에서 대표적인 구조물은 제방(호안, 방조제, 배수갑문)이다. 제방은 간척사업에서도 건설되지만 이와 좀 더 뚜렷한 차이는 그 규모와 수면 공간의 활용 정도라고 할 수 있다.

단지조성 목적의 매립지역은 농지조성 목적의 매립과는 달리 큰 호수가 없는 경우가 많으며, 조성 지역에서의 용수(用水) 또는 강우로 발생한 물을 배출하기 위한 인공수로와 배수갑문이 대부분이다. 배수갑문 주변의 수면은 평소에는 매우 잔잔하므로 낚시터로 활발하게 이용될 뿐, 수면에서 다양한 여가활동을 즐기는 경우는 드물다.

또한 화력발전소 및 원자력발전소 등에서는 발전소 운영에 필요한 엄청난 분량의 냉각수를 바다에서 끌어다 쓰고, 사용한 뒤에는 바다로 바로 배출하기 때문에 발전소 시설과 함께 취수구, 배수구 시설이 가장 기본적인 구조물에 해당한다.

▶▶ 부산광역시 기장군 장안읍의
고리원자력발전소(출처: 한국수력원자력)

▶▶ 전라남도 영광군의 한빛원자력발전소

해역 이용시설
_양식장, 관측 부이, 관측 타워 등

해역에 설치되는 구조물 및 시설은 해역을 이용하는 목적에 따라 다양하다. 해역이 항로로 이용되는 경우에는 항로 표시 시설을 설치하고, 연구 목적과 공사 및 시설물 유지관리 차원에서 관측이 필요한 경우에는 관측 부이buoy 및 관측 타워를 설치한다. 관측 기기를 물속에 계류(mooring, deploying. 밧줄 등을 앵커anchor에 묶어서 설치)하는 경우에는 그 위치를 드러내기 위해 표시 부이를 설치하기도 한다.
또한 위험지역, 항행 금지구역 등 어떤 지역임을 알리는 표시판과 표시 부이를 설치하기도 한다. 양식장에서는 스티로폼 부이와 양식 시설 설치용 부이 등이 표시 부이 역할을 한다.

▶▶ 바다의 얕은 곳, 암초 등의 위험물을 나타내는 항로 표시용 부이

▶▶ 부산광역시 가덕도 해역의 굴양식 지주시설

기타 시설

기타 시설은 특정 지역의 바닷가에서 접할 수 있는 특이하면서도 특수한 목적의 시설물이다. 대표적인 시설물은 인천항의 갑문식 도크이며, 조선소와 제철소 등도 특수 목적의 구조물이다. 방조제와는 기본적인 목적은 다르지만, 구조적인 기능이 비슷한 하구둑은 실제로 우리나라에 세 군데(낙동강 하구둑, 금강 하구둑, 영산강 하구둑)밖에 없어 기타 구조물로 분류했다.

하천 구조물로 하구나 하천에 설치되어 하류 지역에서 바다의 영향을 받는 보weir 시설도 연안 구조물에서는 기타로 분류하는 것이 적절하다. 대표적이면서 대규모의 보는 한강에 설치된 잠실 수중보(잠실대교 부근)와 신곡 수중보(김포대교 부근)이다. 또한 보 시설에는 어도(魚道, 물고기 이동통로) 시설이 포함되어 있으며, 방조제의 배수갑문에도 대부분 어도가 있다. 그러나 하천 보에는 어도 구조물이 많아 기타 구조물로 분류한다. 하구 구조물은 대개 보 또는 배수갑문이다. 하구에는 연안 제방도 있지만 방조제와는 그 성격이 다르다.

▸▸ 서울의 잠실 수중보

교통시설

연안의 교통시설은 해안도로와 해상 교량이 대표적이다. 해안도로는 바닷가의 전망을 감상할 수 있는 도로이며, 바다를 가로지르는 해상 교량은 도로와 연결되어 있지만 독립된 하나의 구조물로 볼 수 있는 다리(도로)이다. 연육교(육지와 섬을 연결하는 다리)와 연도교(섬과 섬을 연결하는 다리) 및 좁은 해역을 가로지르는 다리 구조물은 이동거리를 단축시켜 생활의 편의를 제공하는 측면과 다리 부근의 풍광 좋은 전망으로 관광객 유치 효과를 기대할 수 있다는 장점이 있다. 물론 섬과 섬을 오가는 배(연안 여객선, 카페리 등)가 대표적인 교통수단이지만, 여기에서는 도로에 대응하는 것이 항로이므로 항구의 항로를 언급하는 것이 적당하다고 판단된다.
이상의 분류에 따라 다양한 연안 구조물의 기능 및 환경에 미치는 영향을 살펴보기로 하자.

▶▶ 경상남도 거제시와 가조도를 연결하는 가조연육교
▶▶ 전라남도 목포시의 북항과 고하도를 연결하는 목포대교

마도로스

03

바닷가 **구조물**의 기능과 환경영향

제방_안벽과 호안

해안선을 따라가면서 어떤 구조물이 건설·운영되고 있는지를 살펴보면 주변의 바닷가가 어떤 목적으로 이용되고 있는지를 알 수 있다. 구조물은 크기(규모)에 따라 매우 다양하지만 대표적이면서도 바닷가에서 자주 관찰되는 구조물은 다음과 같다.

해안선이 복잡한 서해안의 지도나 바닷가에서 직선으로 나타난 해안을 본다면 제방이 건설되거나 인위적인 손길이 미친 곳이라 할 수 있다. 먼저, 방조제도 제방에 포함되지만 따로 분류하여 다루기로 한다. 제방은 기본적으로 바닷가, 하구, 강가(하천 제방)에 건설되는 대규모 구조물이며, 작은 것은 둑(논둑, 둑길 등)이라고 할 수 있다.

제방(둑)의 기본적인 기능은 수위 상승에 따른 육지 침수와 하천 범람의 방지에 있다. 따라서 제방 건설에서 중요한 설계 요소 가운데 하나는 제방의 높이라 할 수 있다. 제방은 크게 내·외(內·外)로 구분하는데, 하천의 경우는 하천 부분/하천이 아닌 부분, 바다의 경우는 바다 부분/육상(호소) 부분으로 구분한다.

▶▶ 유역의 유수지 및 배수갑문 시설 호안(충청남도 아산시 인주산업단지)

제방은 외부의 수위 상승에 따른 침수와 범람을 차단하는 기능과 내부의 강우(집중호우, 폭우 등)로 저장된 물이 하천과 바다로 흐르지 못하게 차단하는 기능이 있다. 따라서 이러한 흐름을 차단하면 침수(범람)가 일어나므로 항상 내부의 침수 배제(홍수 배제)를 위한 시설도 필요하다. 작게는 펌프pump 시설, 크게는 유수지와 배수갑문(배수시설) 등이 이에 해당되는 구조물이다. 제방은 보통의 경우, 도로(인도 또는 차도) 역할을 병행한다. 그러나 제방 안쪽과 바깥쪽의 완전한 차단을 의미하며, 차단으로 일어나는 악영향을 줄이기 위해서나 또는 완전히 배제하기 위하여 차단을 부분적으로 보완하는 시설이 필요하다.

호안(護岸, revetment)은 바닷가 주변에 축조되어 건물과 인명을 파랑의 재해에서 보호하는 시설이다. 호안은 국토 보전에 이용될 뿐, 선박을 계류할 목적으로 설치한 구조물은 아니다. 호안은 설치되는 장소의 자

▶▶ 직선으로 정비된 하천 제방(호안, 아산만으로 유입되는 밀두천)

연 조건에 따라 형식이 다양하다. 그 가운데 패러핏parapet 형식(93쪽 참조)이 매우 많고, 현장 조건에 따라 다양한 형식으로 건설되고 있다. 호안은 앞쪽에 바다가 있고, 뒤쪽에는 육지가 있으므로 안벽quay-wall과 동일하게 배후토압(背後土壓)에 저항하는 구조물이므로 안벽 설계기법을 이용할 수 있다. 호안은 주로 서해안 바닷가나 해안에서 많이 접하는 구조물로 형식이 다양하다.

안벽은 전면 경사 정도에 따라 경사형, 직립형, 혼성형 등으로 구분하고 있으며, 구조 형태에 따라 자립식 동(銅)널말뚝 안벽, 타이로드식 강널말뚝 안벽, 케이슨식caisson 안벽, 블록식 안벽, 셀식 안벽으로 구분된다. 호안의 대표적인 구조 형식은 콘크리트 피복(벽식), 중력식, 블록 적재식, 케이슨식, 널말뚝판식, 강제 셀식으로 분류된다.

▶▶ 연안의 호안(제방)

제방과 유사하면서도 약간 차이가 있는 해안 제방과 해안 호안의 기능을 보면, 해안 제방(coastal levee, seawall, sea bank, sea dyke[dike])은 썰물이나 높은 파랑이 내습하는 장소 또는 육지가 항상 해면보다 낮은 장소(예를 들면 간척지, 저면 매립지역)에 바닷물이 침입하는 것을 방지하기 위하여 축조한 제방(실질적으로 방조제)이다. 일반적으로 둑마루(천단) 전면에 흉벽을 설치하고 둑마루는 콘크리트로 포장하여 제방을 넘은 파도에 따른 토사 유출을 방지한다.

반면 해안 호안sea wall은 썰물, 파도 또는 해일에 따른 해안의 침식을 방지하고 해수가 육지로 침입하는 것을 막기 위해 해안 보전의 목적으로 해안선과 나란하게 건설(축조)되는 구조물로 해안 제방과 함께 중요한 해안 보전시설이다.

호안은 해안 침식 방지라는 해안 보전의 목적이 강하므로 매우 형태가 다양하지만, 제방은 주로 해수 침입

▶▶ 해안 산책로 및 계단식으로 조성된 친수 호안(제주도)

을 방지하는 기능이므로 비교적 형태가 단순하다.

최근 해안의 휴식 공간 활용이라는 측면에서 많이 건설되는 호안은 친수 호안이다. 친수 호안은 호안으로서의 기능을 가지고 있으면서 사람이 물가에서 즐길 수 있게 배려한 호안이다. 대표적인 배려 시설로는 물가로의 접근성을 유도하는 시설과 산책·휴식 공간의 조성 등이 있다. 앞으로는 인간과 자연(생태계)이 공생하는 생태 호안이 더 많이 건설되어야 할 것이다.

▶▶ 목포대교 부근의 계단식 호안과 산책로

갑문식 도크

선거(船渠, 거渠는 큰 도랑이라는 뜻, 도크dock)는 조차가 큰 지역에 갑문을 만들어 그 내부를 박지와 부두로 개발한 항만시설 전체를 가리킨다(예를 들어 인천항 선거, 갑문식 도크). 인천항의 갑문식(閘門式) 도크 시설은 조석 간만의 차가 큰 우리나라 해안의 특성을 고려한 특이한 구조물로 인식하지만, 운하(하천 등)를 이용하는 나라에서는 하천과 해안에서 흔히 볼 수 있는 구조물이다. 세계적으로 유명한 수에즈Suez 운하, 파나마Panama 운하 등에도 갑문식 도크 시설이 갖춰져 있다.

▶▶ 인천항 갑문식 도크(출처: 인천항만공사)

▶▶ 인천항 갑문식 도크 전경(출처: 인천항만공사)

도크 시설은 물 흐름을 막는 수문 형태에 따라 다양하지만 도크의 원리는 동일하며, 수위 차가 크게 나는 지역이나 수위 차가 고르지 못한 지역을 선박이 이동할 수 있게 하는 구조물이라는 점에서도 동일하다. 도크 시설은 부력을 이용한 선박 엘리베이터라고 할 수 있으며, 도크 시설을 이용한 선박 이동 원리이기도 하다. 다시 말해, 엘리베이터인 도크 시설에 물을 이용한다는 점이다. 배의 현재 위치와 가고자 하는 위치의 수위 차를 이용하여 그 배가 도크 시설로 들어가면 갑문으로 도크 시설을 폐쇄한 다음에 가고자 하는 위치의 수위에 맞추어 물을 빼거나(수위가 낮은 경우) 넣어서(수위가 높은 경우) 수위를 맞추면 배는 그 수위에 따라 자동으로 상하이동을 한다. 그다음에 가고자 하는 방향의 갑문을 열어 배의 이동을 같은 방법으로 진행한다.

한편, 선거는 선박의 건조, 개조, 수리 및 검사 등의 목적으로 입거·출거 또는 상하가 장치, 주배수 장치 및 작업기구 등의 보조시설을 포함하며, 대규모 선거는 조선소에서 선박의 건조를 목적으로 건설(건선거, dry dock)하는 경우가 대표적이다. 수심이 깊은 지역의 방파제 건설에 필요한 케이슨caisson을 제작하는 곳도 도크(부양식 도크)라고 한다.

조선소에서 사용하는 도크 시설은 형태는 같지만 용도가 다르다. 조선소에서는 선박을 건조하고 진수하기 위한 시설로, 선박을 건조할 때에는 물로 채워진 공간이 없어 '드라이 도크dry dock'라고 표현한다.

+ 케이슨

항만 건설에 사용되는 속이 빈 상자 모양의 철근 콘크리트를 가리키며, 부양식 도크나 육상에서 제작한다. 해상에서 예항선(예인선) 또는 기중기선에 매달아 현장으로 운반하여 방파제 또는 중력식 구조물의 안벽 본체로 설치한다. 항만에서 사용하는 케이슨의 형태는 부피를 측정하는 됫박처럼 생겼지만 그 크기나 중량이 아파트의 한 호에 해당하는 규모다. 생김새는 간단해도 규모를 감안하여 활용한다.

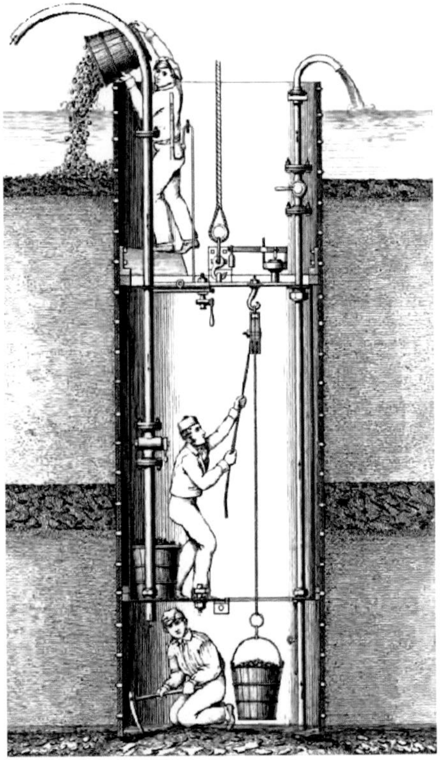

▶▶ 프랑스의 지질학자 트리제르(Triger)가 고안한 케이슨 공법을 묘사한 그림(1846년, 출처: 위키피디아)

+ 예인선(tugboat, towboat)

항만에서 대형 선박의 입출항 및 접안·이안을 돕거나 고장 선박 또는 바지선을 예인하는 선박이다. 때로는 자체 항행력(추진력)이 없는 부선이나 준설선처럼 항행력은 있어도 일시 사용하지 않는 선박을 지정된 장소까지 끌어당기거나 밀어서 이동시키는 선박으로, 규모는 작아도 추진력이 강하다.

+ 선류장

소형 선박을 계류하기 위해 방파제 등으로 둘러싸여 파도가 거의 없는 잔잔한 정온수역(靜穩水域)을 가리킨다. 외곽시설이 축조되었거나 또는 외해에서 내습하는 파랑의 영향을 받지 않는 곳에 어선 등 소형선의 계류를 목적으로 조성한다.

+ 박지

항내나 항외에 각종 선박이 정박 대기하거나 수리 및 하역을 할 수 있는 지정된 수면을 가리키며, 수심을 일정하게 유지해야 한다. 박지에서는 선박이 계류할 수도 있다. 박지는 지정된 수면이라는 점에서 선류장과 약간 차이가 있지만 두 곳 모두 선박 정박에 필요한 잔잔한 수역이라는 점에서는 같다.

한편, 정박지는 선박의 안전한 정박, 원활한 조선(操船) 및 하역이 가능하게 넓이와 수심이 넉넉하고 고요한 수면으로, 정박지의 토질은 닻이 박히기에 적합한 곳이 바람직하다. 정박지는 묘지(錨地, 닻 내리는 곳), 부표 정박지, 배 선회장 등의 조선 수면을 포함하고 있으므로 규모가 더 크다.

▸▸ 인천항 갑문에서 대형 선박의 접안을 돕는 예인선
(출처: 인천항만공사)

연육교(다리)_연도교, 연육도로

인천국제공항을 방문하거나 이 공항을 거쳐 해외여행을 한다면 인천국제공항이 위치한 영종도(실제로는 영종도와 용유도 사이를 매립한 공간)와 인천(육지부)을 연결한 영종대교 또는 인천대교를 통과해야 한다.

이처럼 육지와 섬을 연결하는 다리를 연육교(連陸橋, 육지와 연결한 다리)라고 하고, 섬과 섬을 연결한 다리

▸▸ 인천광역시 옹진군 선재도 서부 지역에서 영흥도 동부 지역을 연결하는 영흥대교(사장교)

를 연도교(連島橋)라고 한다. 육지와 육지 사이의 하천, 하구, 해역을 통과하는 다리는 그냥 다리이다. 서해안 고속도로에서 아산만을 횡단하는 서해대교, 부산 광안리 해수욕장 앞바다를 횡단하는 광안대교는 다리(대교, 해상 교량 또는 하천 교량 정도)로 분류된다. 강화도와 연결되는 연육교에는 강화대교, 초지대교가 있다.

교통의 발달과 도로 건설의 확장에 따른 영향으로 많은 연육교, 연도교가 건설되어 배를 이용하지 않고 도보로 또는 자동차로 섬을 방문할 수 있다.

그러나 다리를 놓지 않고, 흐름을 차단하는 제방으로 가까운 섬과 연결하는 경우도 있다. 이 경우에는 연육도로라고 한다. 강화도의 황산도와 동검도를 연결하는 도로가 대표적인 연육도로이다.

진도로 가는 진도대교, 남해도로 가는 남해대교 등은 대표적인 연육교이며, 거제도와 가덕도를 연결하는 거가대교, 소록도와 거금도를 연결하는 거금대교 등이 대표적인 연도교이다.

해상 교량은 다리가 건설되는 특성에 따라 형식이 결정되지만 대부분이 사장교(斜張橋, 끈다리 중에서 다리를 연결하는 끈이 교각 중심주에서 햇살처럼 경사지게 펼쳐진 양식) 형식이며, 현수교(懸垂橋, 끈다리에서 교각과 교각을 걸치는 중심 끈이 있고, 그 끈에서 연직 아래 방향으로 끈에 내려오는[현수] 방식)는 남해대교, 이순신대교, 광안대교, 그리고 약간 변형된 현수교 양식인 영종대교가 이에 해당한다.

방파제
_잠제, 이안제, 파제제, 고조 방파제

방파제(防波堤, break-water)는 항만 및 어항의 외곽시설(경계 부근의 시설)에 해당하지만 자연적으로 형성된 항구(천혜의 항)를 제외하고는 방파제가 없는 항구가 없듯이, 항만/어항 구조물의 가장 중요하고 필수적인 구조물이다. 방파제는 파도를 막는 제방이다. 방파제의 기능은 선박의 정박 및 하역을 원활하게 할 수 있도록 정온한 수역을 확보하기 위하여 항 내부로의 파랑 전파를 효과적으로 차단하는 시설이다.

▶▶ 방파제에서 가장 흔하게 볼 수 있는 육상에서 만든 TTP(제주도 서귀포항)

▶▶ 1971년 국가어항으로 지정된 전라남도 영광군 계마항의 블록 방파제

▶▶ 어항을 보호하는 방파제 사이로 들어오는 어선(제주도)

항(항만, 어항, 선착장, 포구)은 선박(배)이 출입해야 하므로 완전한 차단은 불가능하며, 외해로 연결된 수로(항입구)가 필요하다. 그리고 큰 파도(파랑)의 전파(침입)를 차단해야 하므로 방파제 건설에서 가장 중요한 결정 요인은 방파제가 건설되는 방향과 높이다.

방파제는 예상되는 가장 높은 파고와 파력에 효과적으로 저항할 수 있게 높이와 방향을 결정하고 나서 단면과 형식을 결정한다. 그리고 파도의 힘(파력)을 줄이거나 소산(분산)시키기 위하여 피복석(소파제消波堤)을 사용한다.

바닷가를 걷다가 방파제 근처에서 방파제를 덮고 있는 돌(콘크리트) 형태에 호기심을 가져본 적이 있을 것이다. 이 돌의 이름은 테트라포드(Tetrapod, 줄여서 TTP)로 가장 일반적인 피복제이며 방파제 전면에서 파랑 에너지를 소산scatter시키는 역할을 한다. 이때 저항하는 파력에 따라 TTP 크기(중량)를 결정한다.

▶▶ 항구에서의 하역작업을 위한 크레인 장비

방파제는 바닷가에서 가장 흔하게 볼 수 있는 구조물이다. 규모와 형태가 다양하지만 일반인들이 자주 접하는 방파제는 어항 또는 작은 항구에서 볼 수 있는 형태가 대부분을 차지하고 있다. 방파제 형태는 방파제가 건설되는 해역의 수심, 지반의 특성에 따라 주로 결정되며, 막고자 하는 파랑의 주요 방향에 직각 방향으로 결정된다. 방파제는 규모나 형태도 중요하지만 방파제를 건설하는 목적이 항만에서의 정온한 수역을 확보하는 것이므로 파랑을 막는 기능이 매우 중요하다. 따라서 방파제는 방향을 감안하여 살펴볼 필요가 있다.

최근에는 방파제 건설의 기본적인 목적에 해당하는 정온수역이 환경적인 측면에서는 정체수역(폐쇄적인 수역)으로 인식되고 있다. 이에 따라 오염물질의 정체로 오염에 취약한 단점을 해결하고자 방파제로 형성되는 항만 내에서의 해수 순환(해수 교환)을 촉진(유도)하는 해수 교환형 방파제 등이 연구·건설·운영되고 있다.

강릉 주문진항에 설치된 우리나라의 대표적이면서도 최초인 해수 교환 방파제는 청정한 외해수의 항만 유입으로 항만 외부로의 흐름이 형성되어 이미 유입된 오염물질이 외부로 수월하게 방출되기 때문에 주문진항

▶▶ 항만으로의 해수 유입을 위한 월류시설(해수 교환시설; 강릉 주문진항)

의 수질 개선에 크게 기여하는 것으로 보고되고 있다.
이처럼 방파제 건설로 형성된 수역은 선박의 안전한 접안을 위한 정온수역이지만, 흐름의 관점에서는 정체수역이 된다. 정체수역의 수질을 개선하기 위하여 해수 교환시설을 설치한다면 일부 영역의 정온을 포기해야 하므로, 항만 수역의 기본 기능을 수행할 수 없다는 단점이 있다. 따라서 일부 영역의 정온을 포기하고 수질 개선 효과를 꾀하는 해수 교환 방파제를 항만 수질 개선의 주요 수단으로 사용하는 것은 경계해야 할 필요가 있다.
항만의 수질 환경개선은 가장 기본적으로 오염물질의 유입을 차단하는 방법으로 계획·추진되어야 하며, 해수 교환 방파제는 창문을 열고 집 안을 환기하는 의미의 차원에서 추진되는 것이 바람직하다.
한편, 방파제는 개방된(탁 트인) 바다로의 시야를 차단하는 단점이 있어 최근에는 잠제(물속에 잠긴 방파제, submerged breakwater)도 활발하게 연구되고 있으며, 방파제 건설에 따른 흐름 차단을 줄이거나 없애기 위하여 부유식 방파제floating breakwater 등에 관한 연구도 활발하게 진행되고 있다. 그러나 방파제의 기본적인 기능을 유지해야 하므로 불가피하게 먼 바다로의 탁 트인 시야를 차단하는 이안제(離岸堤, detached breakwater),

▶▶ 육지와 떨어져서 건설된 경상북도 경주 감포항의 이안제

▶▶ 파랑 반사 등의 제어를 목적으로 항만 내부에 건설된 경상북도 포항항의 파제제(출처: 포항지방해양수산청)

또는 항만 내부에서 반사되는 파랑을 제어할 목적으로 파제제(波除堤) 등을 건설하는 경우도 있다.
방파제는 형태에 따라 경사식, 직립식, 혼성식, 케이슨 식으로 분류할 수 있다. 방파제는 바닷가에 일정한 활동 공간(수역)을 확보하는 성곽 역할을 하지만, 입구를 완전히 차단하지 않고 배가 자유롭게 드나들 수 있도록 일부 구간은 항상 개방되어 있다는 점이 방조제와 가장 두드러진 차이라고 할 수 있다.

+ 피복석(armour stone, cap stone)

제방이나 방파제 등 외곽시설의 제체(본체, 몸체)를 구성하는 석재가 파력으로 손실되는 것을 보호하기 위하여 그 위에 쌓는 큰 돌을 의미한다. 큰 돌은 돌산에서 발파하여 생산하지만 규격에 적합한 돌의 생산이 어려우므로 파랑이 큰 곳에서는 피복용으로 TTP(테트라포드) 등 이형 블록을 제작하여 사용하고 있다.

+ 이형 블록(artificial concrete block, 소파제)

방파제, 이안제, 돌제, 호안 등의 전면에 던져 넣어서 소파(消波, 파력의 소산 효과)를 기대하는 소파 블럭, TTP 등 여러 가지가 있다(소파 콘크리트 블럭).

▶▶ 피복제 공사

특수 항만시설

특수 항만은 특별한 목적에 따라 설계·건설되는 항만으로 컨테이너선을 위한 컨테이너 전용 부두(규모가 워낙 크기 때문에 부두라는 용어 사용), LNG 등 연료 인수를 위한 인수기지의 접안 잔교pier 시설, 해역에서의 수상 레저 활동을 위한 요트 정박 등의 마리나 시설 등이 있다.

▶▶ 컨테이너 전용 부두가 설치된 무역항의 관문 인천신항의 야경(출처: 인천항만공사)

218
UASC
CMA CGM

▶▶ 경기도 화성시 전곡항의 마리나 시설

▶▶ 전라남도 목포시 목포항의 마리나 시설

방조제_하구둑

방조제는 농업용수 확보, 간척에 따른 국토 확장과 농지조성이라는 전통적인 목적에서 지속적으로 추진·건설된 시설물의 하나로, 탁 트인 직선도로(제방 정상)에서 해안을 바라볼 수 있도록 도와준다. 안성천 하구를 막아 평택과 아산을 연결하는 아산방조제는 주말이면 많은 사람들이 방조제 정상에서 아산만을 바라보기도 한다. 지금은 안전을 위하여 별도의 관람지역이 마련되어 있다.

요즘 들어 다양한 목적을 위한 연안 공간 확보(쓰레기 매립장 조성을 위한 매립 및 방조제 건설, 산업단지·공업단지·택지 조성을 위한 방조제 건설 및 매립사업 등)를 위하여 방조제가 건설되고 있다. 우리가 잘 알고 있는 대규모 방조제(국가관리 방조제 규모)는 최근 환경영향과 관련하여 많은 문제(개발과 보전의 상충)를 가지고 있는 시화방조제와 새만금방조제를 필두로, 남양만을 막은 화성방조제, 남양방조제, 안성천과 삽교천을 막은 아산방조제, 삽교방조제, 석문방조제, 송산방조제, 대호방조제, 이원방조제(화력발전소 건설을 위한 매립공간 조성 목적), 천수만 A·B 방조제, 홍성방조제, 보령방조제, 금강 하구둑, 영산강 하구둑, 영암방조제, 금호방조제 등 대부분이 서해안에 위치하고 있으며, 크고 작은 규모의 수많은 방조제가 다양한 목적으로 바닷가에 건설되고 있다.

건설된 몇몇 방조제에서는 수질 악화를 염려하여 수문 조작gate operation으로 해수 교환(비교적 깨끗한 외해수를 유입하여 오염된 내수를 혼합·희석하여 정화하는 방법)을 수행하고 있다. 하지만 염분salinity 및 수문 조작에 따른 조수의 변화에서 일어나는 노출 시간의 큰 변화로 기존의 해양 생태계는 파괴되고 완전히 새로운 생태계가 형성된다.

방조제 건설의 고유 기능은 바닷가에서의 방대한 공간 확보로, 조수 간만의 차가 큰 서해안의 지역에 제방(방조제)을 건설하여 조수의 영향이 미치지 않는 수면 공간을 확보하고, 연안 공간을 조성하기 위하여 일부 공간은 매립을 한다. 그리고 이 공간의 이용을 극대화하고 개발 비용을 낮추기 위해서는 조수의 영향을 차단하는 기능이 필요하다. 방조제가 형성된 내부 영역은 해안(바닷가)의 영향(기능)이 상실(차단)되기 때문에 갯벌의 훼손과 더불어 큰 환경·생태학적 문제가 되고 있다.

▶▶ 1) 배수갑문 위치를 파악할 수 있는 수문조절 장치 (충청남도 당진시의 음섬포구)
2) 조수에 의한 역류방지용 수문(경기도 평택시의 방림천)
3) 산업단지에 건설된 수로 및 배수갑문(경기도 평택시의 포승국가산업단지)
4) 배수갑문을 통하여 유역의 물이 배출되는 수로와 호안(아산만)
5) 경기도 화성시의 화옹방조제 건설로 형성된 유역의 광활한 공간 (지난날에는 갯벌)
6) 충청남도 당진시의 석문방조제
7) 배수갑문에 설치된 어류 이동용 통로(시화호 배수갑문)
8) 방류 해역의 도류제(오른쪽 호안제방, 시화호 배수갑문)
9) 낙동강 하구둑(위쪽 하천, 아래쪽 비다)

1

2

3

4

5

6

7

8

9

또한 유역에서 발생한 오염물질이 방조제 건설로 만들어진 잔잔한 수역으로 유입되어 심각한 환경문제를 일으키기도 한다. 이러한 경우에는 조금이나마 수질환경을 개선하고자 방조제의 부속물인 배수갑문(대형 수문)을 이용하여 해수 유입·유출(전형적인 방조제 배수갑문은 용어에서 의미하듯이 방조제가 형성된 수역의 침수 방지를 위한 유출만 허용) 방식으로 청정한 해수와 오염된 내수와의 혼합에 따른 희석 효과로 환경개선을 꾀하는 시도가 활발하게 이루어지고 있다.

+ 하구둑과 방조제의 차이점은?

일반적으로 조수의 영향을 막는다는 기능면에서 하구둑과 방조제는 차이가 없지만, 건

▶▶ 시화호 배수갑문 전경(내부에서 촬영)

▶▶ 배수갑문을 통한 해역으로의 배수(시화호 연안)

설 지점에서 두드러진 차이점이 보인다. 방조제는 바닷가 갯벌 지역, 만곡이 있는 내만 bay, 얕은 지역의 연안 해역, 즉 하천의 영향이 미미한 지역에 건설되는 경우가 대부분인 데 비해 하구둑은 하천의 영향이 큰 하천 하류부, 즉 하구에 건설되는 경우가 대부분이다.

우리나라의 하구둑은 금강 하구둑, 낙동강 하구둑, 영산강 하구둑으로 방조제보다 댐의 성격에 가깝다고 할 수 있지만 하구에 건설된다는 점에서는 댐과 분명한 차이가 있다. 또한 한강 하류에 설치된 잠실 수중보, 신곡 수중보 등도 흐름 차단 기능이 하구둑에 비해 매우 미약하지만 소규모 하구둑이라고도 할 수 있다.

▶▶ 배수갑문 개방으로 형성된 거품의 확산(시화호 연안)

보

댐(높이 15m 이상)이나 하구둑이 홍수조절 능력이 있는 구조물이라면, 일반적으로 보(weir, 洑)는 홍수조절 능력이 없다는 점에서 차이가 있다. 최근에는 홍수조절을 할 수 있는 수문 등을 설치하기도 하지만 정량적으로 어느 정도 홍수조절에 기여하는지에 대해서는 검토가 필요하다. 보와 댐은 일정한 수위 이상의 흐름을 차단할 수 없고 수문이 있다는 점에서는 동일하지만, 수문의 역할이 차지하는 정도에 큰 차이가 있다.

댐이나 하구둑은 물이 구조물을 월류overflow하여 흐르는 것이 아니라 수문을 통하여 인위적으로 통제된 상태에서 흐르지만, 보는 일정 고도(정상 부분의 높이)를 넘어서면 곧바로 물이 넘쳐흐르고, 그 이하의 수위에서는 흐르지 않는다. 이러한 경우 수문을 조작하여 물을 배출할 수도 있으나 이는 수위 조절이라는 보의 기본 기능과는 관계없는 보조적인 작업이라고 할 수 있다. 그러나 하구둑, 댐이나 보 모두 수위 조절 능력이라는 동일한 기능을 갖추고 있다고 할 수 있다.

댐, 하구둑, 보는 하천을 가로질러 건설되는 구조물로 하천에서의 생물, 특히 어류 이동을 차단하므로 어도fish way를 설치하는 경우가 많다. 보는 수위, 수량 확보라는 기능이 있으나 흐름이 정체되어 오염이 심화될 수 있다. 이에 따라 보 철거에 대한 검토가 진행되고 있지만 보를 철거할 경우에는 수량이 적거나 규모가 작은 하천의 경우에는 여름철을 제외한 강우가 적은 시기에는 수량 부족으로 건천(dry stream, 마른 하천)이 되므로 하천의 생태학적인 기능을 완전히 잃는 단점도 있다.

최근에는 하천의 생태계 유지를 위한 용수 확보가 계획·추진되고 있지만 규모가 작은 지방 하천은 오염이 심하거나 건천이 된 하천이 많아 보전해야 할 생태계 자체가 없는 경우도 많다. 따라서 새로운 생태 공간을 마련하고 유지하는 보전대책에 대한 연구가 필요하다.

▶▶ 다단식 어도 시설(발안천. 남양만[남양방조제]으로 유입하는 하천)

▶▶ 시화호로 유입되는 마도수로 보 및 수문

▶▶ 보 중앙에 어도가 설치된 경기도 안산시의 시화호 갈대습지공원

부두, 선착장, 포구, 나루터

배가 드나들고 배를 대거나 또는 댈 수 있는 장소라는 점에서 모두 같지만 드나드는 배(선박)의 규모 및 시설의 규모에 따라 대략 정렬하면 부두, 선착장, 포구, 나루터(津) 순이다. 이처럼 매우 유사한 기능 또는 의미를 가지고 있지만 규모에 따라 서로 다른 용어를 사용하는 경우가 많다.

규모가 큰 항만에서 배가 드나들고 배를 대는 시설을 접안시설이라 하고, 각각의 접안시설을 가리켜 부두라고 한다. 부두는 주로 물류 이동(원자재 운반선, 컨테이너container 선, 유류 운반선 등)에 관한 교역 선박이 주로 이용한다. 규모가 큰 인천항의 부두는 한 곳이 아니라 여러 곳이 있으므로 번호를 붙여 구분한다. 제1부두 제2부두, 제3부두 등……. 부산항도 제1부두, 제2부두, 신선대 부두…… 제5부두 등으로 구분한다.

선착장은 부두보다 작은 규모로 어업/수산업에 종사하는 어선이 드나드는 곳으로, 연안 여객 터미널 등이 해당되기도 한다.

포구나 나루터는 좀 더 작은 규모이다. 그러나 시대에 따라 시설도 흥망성쇠를 거듭하므로 포구나 나루터를 개발하여 항만, 어항으로 확장해서 부두 및 선착장으로 조성하기도 한다. 기본적으로 부두, 선착장 등은 항만 및 어항시설의 일부로 볼 수 있으며, 포구나 나루터는 소규모의 어업활동을 할 수 있는 시설과 자연적인 환경이 어우러진 곳이라고 할 수 있다.

항만 및 어항은 선박이 되도록 모든 작업을 수행할 수 있게 조성된 공간이므로 공간 안에 크고 작은 시설물이 포함된다. 각종 시설물은 구조물처럼 보이는 시설물도 있지만, 항로처럼 보이지 않는 시설물도 있으며, 배후시설 또는 교육시설처럼 관계없는 듯한 시설도 있다. 이러한 시설은 「항만법」, 「어촌·어항법」에서 다음과 같이 분류하고 있다.

안벽(岸壁, quay wall) 및 물양장(物揚場, lighters warf)은 계류시설(선박을 접안하고 짐을 싣고 내리기 위한 시설)에 해당되며, 수심으로 이 둘을 구분하는데, 안벽은 전면 해역의 수심이 4.5m 이상, 4.5m 미만은 물양장이라고 한다. 박지는 이와 동일한 수심으로 일정해야 하며, 계류시설 및 전면의 박지를 일체로 하여 선석(船席, 버스berth)이라고 한다. 선박 1척이 이용 가능한 공간을 1버스라고 한다.

▸▸ 아산만 음섬포구 선착장(멀리 보이는 것은 서해대교)

▸▸ 화옹방조제 해역에 조성된 궁동항 선착장

▸▸ 부두의 선박 계류를 위한 계선주(각주, 오른쪽)와 방충재(fender, 왼쪽)

해양 방류구 및 취수구
_ 화력발전소, 원자력발전소

우리나라 화력발전소 및 원자력발전소의 위치 지도를 보면 대부분 해안에 위치하고 있음을 알 수 있다. 발전소가 바닷가에 자리 잡을 수밖에 없는 이유는 무엇인가?

발전소 시설 운영에 사용되는 기계·장비 등을 식히려면 냉각수cooling water가 필요하다. 그러나 발전소에서 필요한 냉각수의 양은 호기당(굴뚝 하나당) 초당 20~50톤 정도이기 때문에 웬만한 호소(湖沼)나 하천에서는 공급이 불가능하다. 한 발전소당 호기가 5~6개 정도이므로 보통 발전소마다 초당 100~300톤 정도의 냉각수가 필요하다. 한강의 평상시 유량이 150~300톤/초 정도임을 감안하면 대규모 하천이나 큰 호수에서 냉각수 공급이 가능하기는 하지만, 보통 냉각수로 이용되고 배출되는 배수(온배수thermal discharge라고 함)는 유입수에 비해 7~8℃ 정도 높아 주변 생태계에 미치는 영향이 매우 크다. 따라서 유량 공급이 곤란한 하천이나 온배수로 온도 상승이 매우 우려되는 호소나 저수지, 폐쇄성 해역을 제외하고 비교적 혼합이 잘되고, 온배수 영향이 적은(해수의 이동물량이 많은) 해역에서 냉각수를 취수해야 한다.

따라서 비교적 개방된 해역에 화력발전소나 원자력발전소(전라남도 영광, 부산광역시 기장군 장안읍 고리, 경상북도 경주시 월성, 경상북도 울진)를 세운다. 원자력발전소가 미치는 환경 피해는 열오염이라는 분야로 분류되며, 주변 지역의 해수에 비해 7~8℃ 정도 수온이 상승하여 온도 상승에 따른 해양 생태계의 변화 문제라고 할 수 있다. 다시 말해, 한류 어종이 난류 어종으로 바뀌거나 기존의 양식장 및 어업에 영향을 미친다. 온배수로 사용된 해수는 물량이 엄청나므로 최근에는 삼천포 화력발전소 방류수로 말단 방류 해역에 3,000kW 규모의 해양 소수력발전시설을 설치하여 운영하고 있으며, 기타 지역에서는 온배수를 양식장에 이용한다. 하지만 대부분 표층 방류를 하는 우리나라 시설은 온배수의 온도를 낮추는 영향이 매우 작아 온배수 확산 범위에서의 어업 보상으로 문제를 해결하고 있다. 앞으로 심층 방류 등에 따른 혼합 효과를 이용하여 해양 생태계에 미치는 영향을 낮추는 시설로 전환할 필요가 있다.

▶▶ 보령화력발전소에서 냉각수로 이용한 해수를 방류하는 시설(방류구)
▶▶ 석문방조제 건설로 형성된 저수지의 농업용수 취수시설
▶▶ 발전소 냉각수로 이용하기 위한 해수 취수시설(보령화력발전소)

방수로

방수로는 유역에서 홍수시 또는 집중 호우시에 유출되는 방대한 양의 물을 도시 및 주요 지역의 침수를 줄이기 위해 인위적으로 수로를 건설하여 바다로 빨리 배수시키는 시설이다. 대표적인 방수로는 낙동강으로 유입되는 남강댐의 물을 남해안의 사천만으로 방류하는 사천 방수로와 한강으로 유입되는 굴포천의 물을 서해안으로 방류하는 굴포천 방수로가 있다.
굴포천 방수로에 지금은 운하(아라뱃길)로 건설되어 한강과 인천 앞바다 사이의 인공뱃길로 운영되고 있다. 이 시설은 유역의 침수 문제 해결에 큰 도움이 되지만, 일시적으로 방류 해역에 담수freshwater가 대거 유입되어 해역의 염분을 일정 기간 동안 낮추는 저염화low salinity 현상이 벌어진다. 이 때문에 해역의 양식장 및 생태 환경에 피해를 일으키기도 한다.

해양 방류구
_암거, 토구

육상에서 발생한 오염물질은 어떠한 경로로 바다에 이를까? 하천을 거쳐 하구에서 자연스러운 방식 또는 자연스럽지 못한 방식(인위적인 조절에 따른 방식)으로 혼합 과정을 거치면서 바다에 오염물질이 유입되는 경우가 대부분이다. 그러나 바닷가에 위치한 도시 지역이나 바다로 곧바로 유입되는 하천 및 인공수로가 형성된 지역에서는 암거culvert, 토구(吐口, outfull) 등을 거쳐 연안 인공수로에 직접 유입되거나 연안에 인접한 하천에 유입되어 바다로 흘러간다.
차집시설에서 차집된 물은 환경 기초시설에 해당하는 하수종말처리장의 처리 과정을 거친 다음 해양으로 직접 방류되거나 하구나 하천 하류부에 방류된다. 암거는 오염물질이 하천(수로)을 통하여 바다로 유입되는 구조물이지만, 오염물질이 그대로 노출되어 눈살이 찌푸려지기도 한다.

▶▶ 유역에서 배출되는 물이 유입되는 시설(토구, 충청남도 아산시의 인주산업단지)
▶▶ 하천으로 유역의 물과 오염물질이 유입되는 토구(아산시의 밀두천)

다량의 오염물질이 발생하는 공업단지, 산업단지에서는 인공수로를 따라 배출되는데, 이때 배출되는 오염물질을 하수처리장으로 운반하기 위해 차집시설/차집관로를 설치하지만, 비가 올 경우에는 용량 과다로 오염물질이 차집 한계를 넘어 흘러넘쳐 일부는 곧바로 하천으로 흐른다. 이러한 문제를 해결하기 위하여 빗물(우수)과 오염물질(오수) 관로를 분리하는 방식(분류식)으로 운영하지만, 분리되지 않은 방식(합류식)도 많은 부분을 차지하고 있다.

▶▶ 시화공업단지 인공수로에 건설된 오수 차집시설(제1간선수로)

▶▶ 토구에 설치된 차집시설(시화호 유역).

다양한 부이

바다에서 배를 타고 섬으로 이동하거나 연안을 거닐다 보면 바다에 떠 있는 다양한 부이(buoy, 부표)가 눈에 들어온다. 크기와 더불어 용도 또한 매우 다양하다. 어떤 것은 어떤 지점(관측 장비를 계류한 지점, 암초가 있는 지점 등)을 나타내기 위한 표시 부이, 파고 관측 및 해양 관측을 위한 관측 부이, 바다의 흐름에 따라 떠다니면서 이동 경로와 관측을 수행하는 GPS 부이(GPS 환경관측 부이), 항로 경계를 나타내기 위한 항로 표시 부이 등 매우 다양하다.

모든 부이는 기본적으로 부유 상태로 계류하며, 파손된 상태로 기능을 상실하고 방치되는 경우를 제외하고는 그 크기가 크지 않고 흐름을 차단하지 않아 환경적인 영향은 매우 작다고 할 수 있다. 그러나 부이는 흐름에 따라 움직이므로 일정한 범위에서 이동하는 소규모 구조물로 볼 수 있다. 이러한 부이의 이동성 단점을 감안하여 관측 및 해양활동을 원활하게 하기 위해 고정적인 구조물을 만들기도 한다. 곧 플랫폼platform 형태의 재킷jacket 구조물로, 기둥을 바다에 박아서 고정식 구조물을 세우기 때문에 바다 흐름을 차단하는 효과가 매우 적어 해양과학기지 또는 해양시추시설, 관측기지 등으로 널리 활용되고 있다.

▶▶ 항로의 위험 표지시설(연안의 암초 사이를 항로 표시 부이 사이로 통과)

▶▶ 시화호 연안에 설치된 SEP 바지(지반 조사)

조위 관측시설

국립해양조사원에서 우리나라 바닷가의 조위(또는 해면) 변화를 연속적으로 관측하는 시설들이 있다. 검조소는 조수에 따른 수위 변화를 관측하는 것이 목적이므로 파랑에 따른 단기간(초 단위)의 수위 변화 영향을 없애기 위해 검조 우물을 설치한다. 검조 우물에서의 조위와 바다에서의 조위를 동일하게 하기 위해 작은 구멍orifice을 뚫어 물이 자유롭게 출입할 수 있게 구성되어 있다.

바다 한가운데에서 파도를 관측하는 파랑 관측 용도의 부이와 검조소는 목적이 서로 다르고, 해수면을 서로 다른 시간 간격으로 관측한다. 최근 중요한 환경문제로 등장한 지구온난화에 따른 해수면 변화 문제는 파랑에 따른 수위 상승 자료가 아닌, 검조소에서 관측한 조위 자료를 이용하여 연구를 수행하고 있다.

▶▶ 목포 앞바다에 설치된 조위 관측시설

접안시설_돌핀, 부잔교

돌핀dolphin은 돌고래를 뜻하지만, 항만에서는 계류시설을 가리킨다. 육지와 상당히 떨어진 해상에서 일정 수심이 확보(큰 선박의 접안을 위해서 필요)된 위치에 선박이 계류하여 하역할 수 있게 설치된 구조물이다. 육지와는 도교 또는 도로(제방)로 연결된 해상 시설물이다. 대체로 포장되지 않은 시멘트, 곡물, 석탄, 유류, LNG 등의 하역은 육지에서 멀리 떨어져 있어도 가능하기 때문에 돌핀을 이용하는 경우가 많다.

부잔교(浮棧橋)란 육지에서 어느 정도 떨어진 거리에 폰툰(pontoon. 목재, 강철재, 철근 콘크리트, PVC 재질로 속이 비어 부력을 받을 수 있고, 단순 조립으로 작업을 원활하게 할 수 있도록 고안된 평평한 부품)을 여러 개(선박 접안이 필요한 거리를 확보) 연결하여 설치하고, 폰툰과 육지 사이는 연결교(도교, transfer bridge)를 가설하여 만든 수면에 떠 있는 계류시설이다. 보통 조차가 큰 곳에 많이 설치되고 폰툰의 계류 방식에 따라 체인 계류 방식과 말뚝 계류 방식으로 구분되며, 부잔교는 경제성이나 유지 관리를 고려하여 어선의 접안 용도보다는 서해안에서 카페리 등 여객선이 접안하는 데 많이 이용한다.

▸▸ 인천 북항의 원료 하역을 위한 돌핀 시설(출처: 인천항만공사)

NO SMOKING
SAFETY FIRST

▶▶ 대형 선박이 접안한 인천연안과 연안도로(월미도)

▶▶ 소형 선박 접안을 위한 폰툰 시설(강릉 주문진항)

해상 플랫폼

기차를 타본 사람이라면 '○번 플랫폼'이라는 안내방송을 들었던 터라 기차에서 오르내리는 평평한 공간이 플랫폼platform이라는 것을 떠올릴 것이다. 그러나 바다의 해상 플랫폼은 해상에서의 작업을 원활하게 할 수 있도록 지원하기 위한 구조물이다.

해상 고정 관측시설로는 해상에서의 지반 조사를 원활하게 하기 위해 스스로 고도를 조정하는 형식의 플랫폼SEP, Self-Elevated Platform이 대표적이며, 연안에서 볼 수 있는 대표적인 소규모 플랫폼은 바지barge이다.

플랫폼에는 그 목적에 따라 외해에서 관측을 수행하는 관측기지(예를 들면 이어도 해양과학기지)와 해양 가스 및 기름 시추를 위한 시설이 있다.

▶▶ 이어도 해양과학기지(제공: 한국해양과학기술원 김성)

▶▶ 동해의 가스 플랫폼

해양 조력발전소와 해양 소수력발전소

바닷가에 설치되어 바닷물을 냉각수로 이용하는 발전소가 화력발전소, 원자력발전소라면 현재 우리나라 최초, 세계 최대 규모로 발전시설 용량이 254MW인 시화호 조력발전소(시화방조제 중앙부분에 위치)는 해수의 낙차(조위 차이)를 직접 이용하는 발전시설이다. 현재 완성되어 가동 중이며, 조력발전시설이 있는 지역은 공원으로 조성되어 있다.

▶▶ 시화호 조력발전소 위성사진(http://tlight.kwater.or.kr)

또한 화력발전소에서 냉각수로 사용하고 방류되는 해수 수위와 방류 해역의 조수 간만의 차로 발생한 낙차를 이용하는 세계 최초의 해양 소수력발전(小水力發電)시설이 삼천포 화력발전소 말단 방류 해역에 설치되어 운영 중이며, 하동화력발전소 및 보령화력발전소에서도 냉각수를 이용한 해양 소수력발전시설의 건설 계획을 검토하고 있다.

▶▶ 시화호 조력발전소 전경

▶▶ 삼천포 소수력발전소(출처: 한국남동발전(주))

해안도로

해안도로coastal road는 멋있는 바다 풍경을 감상할 수 있게 바닷가에 인접하여 건설된 도로이다. 하지만 바다의 영향을 무시(간과)하고 건설한 도로는 그 구조물이 파괴되거나 도로 건설을 위한 매립과 성토·절토 등의 공정으로 바닷가에 인접한 사구(모래 언덕) 환

▶▶ 제주도 해안도로

경과 연안 환경 등을 파괴하기도 한다. 해안도로는 육지와 해안의 전이transition 지역에 건설되므로 육상 생태계와 해양 생태계가 공존하는 연안 생태계의 단절을 가져올 수 있고, 자동차 통행에 따른 소음이나 공해로 연안 생태 환경에 악영향을 미칠 수 있다.

▶▶ 천수만으로 유입되는 대천천 하구에 설치된 농업용 횡단도로

인공 어초_인공 어류 서식 시설

수중에 설치되어 쉽게 볼 수 없지만, TV와 신문 등에서 자주 접하는 시설 중의 하나가 인공 어초이다. 인공 어초(人工魚礁, fishing reef)는 물고기를 가두어 기르는 것(가두리 양식장)이 아니라 물고기 등이 번식·성장할 수 있는 좋은 환경 조건을 인위적으로 만든 시설이다.

인공 어초의 시설로 콘크리트·강재·세라믹 구조물, 폐어선, 폐타이어 등을 바다 속에 던져넣어 활용하며, 시설하는 수심에 따라 근해용과 연안용으로 구분하기도 한다.

인공 어초 시설은 아주 다양해 콘크리트는 주로 사각형, 육각형, 원통형 등의 형태로, 강철을 가공한 강재로는 팔각상자형, 돔형, 점보형, 복합 사다리꼴, 피라미드형 등의 형태로 제작하여 활용한다.

이 시설은 어장의 생산성을 높여주는 기능이 있지만, 해역의 특성을 고려하지 않거나 인공 어초가 제 기능을 발휘할 수 없는 상태가 유지될 경우에는 바다 생태계를 파괴하는 등 심각한 상황이 벌어지기도 한다. 또한 콘크리트와 폐어선, 폐타이어 등에서 나오는 독성의 폐해를 우려하는 시선도 있다.

▶▶ 물고기들이 서식하고 있는 인공 어초

돌제_방사제

돌제(突堤, groin)는 해안에 직각 방향으로 설치하는 좁고 긴 구조물로, 오래전부터 사용되어온 가장 일반적인 해안 침식 방지 구조물이다. 보통 돌제는 연안 표사(漂砂, 바람이나 흐르는 물에 이동하는 모래)의 이동을 조정(차단 또는 부분 차단)하는 목적으로 여러 개 설치하는데, 돌제의 앞쪽 끝부분을 목적에 따라 다양한 형태로 설치하기도 한다.

대표적인 형태는 T자형이며, Y자형 돌제도 있고, 곶 형태인 돌제를 헤드랜드(headland, 매립형 호안)라고 부르기도 한다.

▶▶ 제주도 이호 해수욕장에 설치된 T자형 돌제

+ 이안제(detached breakwater)

파랑을 반사, 회절, 굴절시켜 파랑 에너지를 줄어들게 하여 연안의 표사 이동을 낮추는(보통 이안제 뒷면에 연안 표사가 퇴적된다) 구조물이다. 해안과 떨어진 곳에 해안선과 평행한 방향으로 설치한다.

+ 방사제(groyne, groin)

영문 표기는 돌제와 같지만 좀 더 넓은 의미로 사용된다. 방사제는 하천이나 해안의 흐름에 따른 침식을 방지하고 토사의 퇴적을 유도하는 구조물이다. 해안에서는 연안 표사가 항내에 유입되지 않게 수심을 유지하는 것을 주목적(토사가 유입되어 항내 항로에 퇴적되면 항로 수심이 낮아져 배가 다닐 수 없는 경우가 일어난다)으로 해안에서 바다 쪽으로 거의 직각으로 설치한다. 하천에 설치하는 경우에는 목적에 따라 하천을 가로질러 보 형태로 설치하기도 한다.

그러나 방사제 주변의 흐름 약화(정체)로 부유 토사에 부착된 오염물질이 침전되고, 그 영향으로 하천이나 하구 바닥이 심하게 오염되면 철거를 검토하는 경우도 있다.

실제로 태화강 하구에 설치된 방사보는 하구 환경개선의 목적으로 철거를 하였으며, 우리나라 최초의 모범적인 하구 생태복원 사업으로 평가받고 있다.

▶▶ 방사보를 철거한 후의 태화강 하구

▶▶ 태화강 하구에서 윈드서핑을 즐기는 모습

잔교

잔교(棧橋, pier, jetty)는 항만 및 어항에서는 선박이 계류하는 시설로 분류하고 있으나, 선박과 상관없이 흐름을 차단하지 않는 바다 방향으로의 도로 역할을 수행하는 비교적 친환경적인 연안 구조물이다.

잔교는 해안선과 인접한 육지에서 직각 또는 일정한 각도로 돌출한 시설로, 선박의 접안(배를 대는 것)과 이안(배가 떠나는 것)이 쉽게 바다 위에 말뚝을 박고, 그 위에 콘크리트나 철판 등으로 상부 시설을 설치한 교량 형태의 접안시설이 가장 전통적인 형태이다.

우리나라에서는 대부분 접안시설로 잔교를 이용하고 있지만 선진국에서는 해수욕장 부근에 설치하여 관광·오락용 시설로 활용하는 경우가 많다.

▶▶ 영국 켄트 지방의 마가레트 잔교 그림(1897년. 출처: 위키피디아)

조석의 영향이 크게 나타나는 영국 해안에 목재를 이용한 잔교도 눈에 띄는데, 주로 모래 보호와 모래의 이동 방지 시설임을 알 수 있다. 영화에서는 해수욕장을 배경으로 잔교가 보이는 장면과 함께 사람들이 바다의 산책로로 이용하는 장면도 있다. 바다 방향으로 길게 뻗은 잔교 끝자락에 각종 오락시설, 식당 등을 마련하여 많은 사람이 방문하기도 한다. 잔교 난간에서 바다를 바라보며 휴식을 취하거나 낚시를 할 수 있고, 일정 지역에서는 수영(다이빙)을 하고 다시 잔교로 올라올 수 있게 사다리가 설치되어 있기도 하다.

잔교는 바다 흐름을 차단하는 방파제와는 달리, 말뚝 부분의 영역을 제외하고는 흐름 소통을 방해하지 않아 비교적 친환경적이면서 활용도가 높은 연안 시설물이다. 우리나라에는 대부분 잔교를 접안시설로 이용하지만, 해역활동이 다양해지고 활발해짐에 따라 풍광이 좋은 몇몇 지역에 관광용 잔교를 설치하는 사업도 추진할 만하다.

▶▶ 영산강 하구 목포항의 부잔교

+ 흉벽(胸壁, breast wall, parapet)

방파제 또는 해안 제방의 상부 구조물로, 고수위 또는 파의 쳐올림 높이를 감소시키기 위해 높이는 벽체이다. 보통 단면이 오목형이다. 패러핏이라고도 하며, 월파(越波, wave overtopping)를 막는 목적에 적합한 것을 파돌림이라 일컫는다. 항만에서의 패러핏은 호안이나 제방의 최상부에 설치하는 난간벽으로 고수위 또는 월파를 방지하거나 사람이 굴러 떨어지는 것을 방지하기 위하여 설치하는 벽체이다.

04

연안 개발에 의한 환경영향

매립사업은 연안 개발사업에서 거의 모든 경우에 해당하는 크고 작은 사업으로, 매립에 필요한 골재를 확보하기 위한 목적과 항만의 항로 유지를 위한 준설사업 등 다양한 목적의 개발사업이 진행된다. 개발사업이 이루어지는 지역에서의 토지 조성에 필요한 골재 확보 비용의 절감은 곧 토지 조성 비용의 절감과 직결되어 있으므로 개발 지역에 인접한 연안 해역의 준설 토사를 이용하여 토지를 조성하는 방법을 선호한다. 준설 토사의 다양한 활용에 대한 연구에 따르면, 가장 일반적으로 매립재로 활용한다는 점에서

▶▶ 해안 매립사업(제주시의 이호해수욕장)

도 알 수 있다.

현재 준설 토사의 해양 투기 억제에 대한 국제적인 규정에 따라 외해 투기가 제한되고, 준설 토사 투기장 조성을 제약하는 상황에서 양질의 준설 토사 또는 약간 오염된 준설 토사를 세척하여 유효하게 활용하는 연구가 추진되고 있으나, 선진국에서처럼 인공 서식공간을 조성한 사례는 미흡한 실정이다. 그러나 조만간 준설사업과 생태 공간 조성 사업이 병행되어 비록 구조물은 아니지만 준설 토사를 환경개선 사업에 활용하는 사례가 발표될 것으로 판단된다.

▶▶ 양식장 공사에 따른 토사 확산을 방지하는 막(오탁 방지막, 부산신항)

준설이 해양 환경에 미치는 영향

준설이 해양 환경에 미치는 영향은 다음에 제시하듯이 많은 문제가 있지만, 항만의 기능에서 살펴보면 큰 선박이 안전하게 드나들 수 있도록 수심을 일정하게 유지하기 위해서는 필수적인 사업이다. 따라서 항만 운영을 포기하지 않는 한 경제적인 점에서 불가피하게 환경에의 악영향을 수용해야 하는 상황이다.

항만 유지를 위한 준설사업은 불가피하지만, 준설사업 자체는 바닥을 어떤 목적으로든 긁어내는 것이므로 저서 생태계 또는 서식처가 파괴되는 등의 직접적인 영향을 미친다는 점에서 그 악영향을 신중하게 검토할 필요가 있다.

바다에서 크고 느리다 못해 거의 움직이지 않는 듯한 배는 대부분 준설선이다. 골재를 얻기 위해 바닷모래 채취와 토지 조성을 위한 해역 준설 등은 큰 문제가 되고 있다.

준설에 관한 환경문제는 사업과 환경의 분쟁conflict 문제로, 크게 준설에 따른 환경영향과 준설물질의 처분(disposal, 투기投棄)에 따른 환경영향으로 구분할 수 있다. 특히, 오염된 준설물질의 처분에서 유일한 가시적인 해결책은 해양 환경으로 독성물질noxious substances의 방류를 완전하게 제거하는 것이다.

+ 준설작업(dredging activities)의 잠재적인 영향

준설에 따른 환경영향을 분류하는 방법은 준설dredging, excavation, 준설물질의 이동, 준설물질의 연안 재배치relocation, 준설물질의 외해 재배치(투기)의 측면에서 단기적인 영향(사업기간 동안의 영향), 장기적(영구적)인 영향으로 분류할 수 있다. 환경영향 조사는 영향의 범위, 영향의 형태(유형), 영향의 측정(계량화, 파악), 영향 제어(저감대책 등)에 대하여 분석해야 한다. 또한 영향의 불가피성inevitability에 대한 검토도 필요하다.

준설의 악영향(adverse effects)

- 해상 교통(통행)에 지장(방해)
- 준설장비에 따른 소음(특히, 심야 소음)
- 탁도 및 부유물질의 발생
- 해안 침식 문제(가속화)
- 수산업(fishery) : 굴 양식장(oyster bed), 산란 장소 등
- 준설 영역의 수리학적 정체 : 혐기성 조건 발생 가능성 증대
- 유기물 용출에 따른 산소 소비
- 지하 수위(해저면 고도seabed level) 저하에 따른 염수 침입

준설의 순영향(beneficial effects)

- 오염된 퇴적물의 제거

- 양빈(beach nourishment)으로 활용
- 골재(aggregates) 확보
- 해안 보호(coastal protection) : 호안(dyke) 또는 인공 사구 건설
- 수질개선 효과

준설장비(준설선dredger)에 따른 부유물질의 재부유(resuspension)

- The trailing suction hopper dredger
- The grab dredger
- The bucket dredger
- The cutter suction dredger
- The dustpan dredger
- The back-hoe dredger
- The auger dredger
- Pneumatic dredging systems (Pneuma dredger)

※ 준설 장비는 준설 방식에 따라 구분되며, 그 명칭을 대부분 영문으로 표기하기 때문에 그대로 제시했다.

▶▶ 바다 밑바닥의 토사를 채취하는 준설선

+ 준설물질의 투기(처분)에 따른 환경영향

준설사업에서 발생하는 준설물질(준설 토사)은 해양 투기, 해안선 고립enclosures에 따른 투기, 연안 투기 등으로 분류할 수 있다. 오염도degree of contamination는 해양에 미치는 오염물질의 영향을 최소화하는 처분 과정disposal route과 특별한 사전예방책 등을 결정하는 중요한 요소이다.

해양 투기에 따른 환경영향

- 부유사 농도의 증가
- 자연 상태의 퇴적물 영역 변화
- 저층 동물상(fauna)·식물상(flora)의 파괴
- 수산업 및 어류 산란 지역에 피해
- 중금속 등을 포함한 오염물질의 방출

해양 투기에는 해양에 미치는 환경영향을 최소화하는 해양 투기 영역 및 방법을 선택해야 한다. 해양 투기 영역은 외해 수심이 깊은 대양 및 대륙붕 영역, 연안, 배출구(inlet) 영역으로 구분할 수 있으며, 방법은 무봉쇄 투기(unconfined disposal), 봉쇄 투기(confined disposal; seabed depressions-sand borrow pits, underwater dykes), 투기를 위한 인공섬 조성(formation of islands) 등으로 분류된다.

해안선 고립(enclosures)에 따른 투기

- 차수 매체(retain solids)를 이용한 단순 설계-저비용 투기
- 모든 오염물질을 차단할 수 있는 고수준의 차수 설계에 따른 투기

누수(leakage)에 따른 오염물질의 유출에 대한 대책이 필요하다.

연안 투기(ohshore disposal)

- 지하수의 오염
- 악취(odour)
- 시각적인 영향(visual impacts)
- 동물상·식물상의 파괴

+ 준설 종류에 따른 환경영향

준설은 준설 목적에 따라 대표준설(capital dredging, 항로 이용을 위한 수심 확보 목적의 준설), 유지준설maintenance dredging, 환경개선 목적의 준설remedial dredging로 구분할 수 있다. 이러한 준설에 관련된 영향은 환경에 미치는 물리적인 영향, 생태계에 미치는 영향, 경제 및 정치·사회적인 영향으로 분류할 수 있다.

매립이 해양 환경에 미치는 영향

매립사업은 해양 생태계를 근본적으로 파괴하여 복구가 거의 불가능한 사업이며, 가장 환경 악영향이 큰 사업이다. 매립사업에서 가장 일반적인 것은 연안 개발사업이다. 더 이상의 매립은 없다는 주장과 좁은 국토 안에서 경제가 발전하려면 국토 확장이 필요하다는 주장이 충돌하기도 하지만 매립사업은 회복 불가능한 사업이므로 매우 신중하게 결정해야 한다. 생태·환경자원은 세대가 이어가면서 활용하는 자원이므로 그 가치를 어떤 특정 시기에 판단하는 것은 불합리하며, 좀 더 장기적인 관점에서 회복이 불가능한 자원의 가치를 제대로 평가하고, 보전해야 할 필요가 있다. 많은 국가가 종 다양성, 희귀생물 보호에 앞장서고 있다는 것은 그 가치가 경제적으로 환산할 수 없는 세계 유산이기 때문이 아닐까?

▶▶ 연약한 지반의 안정화 작업을 하고 있는 설비(SCP, 부산신항)

환경 및 생태복원을 위한 시설 및 공사

대표적인 환경개선 사업은 오염된 항만 및 연안 퇴적물을 준설하는 사업이다. 준설 토사를 처리해야 하는 부차적인 문제가 발생하기도 하지만, 특별한 시설이 필요 없는 준설선은 끊임없이 오염 퇴적물을 준설(제거)한다. 준설에 따른 2차 오염을 최소화하기 위하여 펌프 준설선을 사용하기도 한다. 오염 해역 준설사업으로는 마산만이 최초이며, 여수 선소 해역, 청초호 준설 사업 등이 대표적이다.

연구·계획되고 있는 또 하나의 중요한 공사가 생태계 복원사업이다. 해양 생태계 복원사업은 생태계 보전사업과는 전혀 다른 사업으로 인간 활동에 따라 파괴·훼손된 생태계를 복원하는 사업이다. 따라서 인간의 복원사업과 맞물린 인위적인 사업이므로 기존의 구조물 및 해역에 대한 이해와 인공적인 구조물의 효과에 대한 검토가 필요하다.

이 사업은 생태계 서식환경을 인위적으로 만드는, 인공적인 서식 공간 창출이므로 개발사업으로 볼 수도 있고, 기존 개발사업의 구조 변경remodeling 사업이라고도 볼 수 있다는 점에서는 별 차이가 없지만 그 목적에는 근본적인 차이가 있다.

▶▶ 해역에서 활동하는 준설선

맺는 글

바닷가 구조물을 바라보는 시선

지금까지 살펴보았듯이 연안 구조물은 인간이 어떤 목적을 가지고 건설한 것으로, 인간에게 주는 이익과 인간과 환경에 미치는 피해가 함께 존재하는 경우가 대부분이다. 그러나 최근에는 환경에 대한 가치 인식이 높아지면서 인간이 건설한 모든 구조물은 고유의 기능과 혜택보다 환경오염이라는 부분이 강조되어 그 가치가 부정적으로 변화하고 있다.

인간 생활을 영위하려면 연안 구조물도 필요하고, 환경보전도 필요하다. 따라서 모든 연안 구조물을 환경의 관점에서만 바라본다면 우리는 많은 이익을 포기해야 한다. 이와 반대로 모든 구조물을 인간의 편익에서만 바라본다면 많은 환경이 파괴·악화될 소지가 매우 크다.

따라서 연안 구조물의 기본적인 역할을 중시하면서 환경적인 영향을 가늠하는 균형 잡힌 시각이 필요하다. 개발의 손길이 전혀 없고 환경적·생태학적인 가치가 큰 지역은 현재 상태에서 잘 보존하고 그 생태를 유지 관리하는 것이 가장 중요하다.

이와 달리 인간의 영향, 인간이 건설한 구조물의 영향, 인간 활동에 따른 환경영향이 어느 정도 진행된 지역에서는 적절한 복원사업을 추진할 수도 있다. 그러나 복원사업도 인위적인 사업에 해당하므로 구조물과 환경을 균형 잡힌 시각으로 바라보면서 그 영향을 평가하는 작업이 필요할 것이다.

참고문헌

삼성건설 토목사업본부 (2006) 항만건설기술. 삼성건설, 성남, 488p.

박상길 (1996) 항만해양구조물의 설계. 평문각, 서울, 525p.

해양수산부 (2005) 항만 및 어항 설계기준. 해양수산부, 서울, 1637p.

해양수산부 (1999) 항만용어사전. 해양수산부, 서울, 639p.

해양수산부 (2005) 항만 및 어항공사 표준시방서. 해양수산부, 서울, 277p.

국립해양조사원 (2006) 조석·조류 참고사항. In: 조석표(한국연안), 국립해양조사원, 인천, pp. 361-410.

송원오, 박우선 (2001) 연안개발: 해양과학총서 6. 한국해양연구원, 안산, 134p.

Tchobanoglous G, Schroeder ED (1985) Water quality: characteristics, modeling, modification. Addison-Wesley Pub. Co., Boston, 780p.

Bray RN, Bates AD, Land JM (1997) Dredging: a handbook for engineers. Arnold, London, 434p.

IADC-CEDA (1996) Environmental aspects of dredging. Delft, Netherlands, 263p.

Palermo MR, Hayes DF (1992) Environmental effects of dredging, Handbook of coastal and ocean engineering. Gulf Publishing Company, Texas, 992p.

Frankel EG (1987) Port planning and development. John & Wiley & Son, New York, 795p.

지은이 조홍연

서울대학교에서 하천공학과 해안공학을 공부하였으며, 같은 대학원에서 하천 및 호수의 환경 변화 예측에 관한 연구로 1994년에 박사 학위를 받았다. 2008년에는 무형 자산의 가치 평가에 관한 주제로 한양대학교에서 경영학 석사 학위도 취득했다.

현재 과학기술연합대학원 대학교와 해양과학기술전문대학원에 교수로 재직 중이며, 한국해양과학기술원 해양자료과학연구실 책임연구원으로 바다의 방대한 환경자료 분석 및 복잡한 생태변화를 예측하는 연구를 하고 있다.

지은 책으로는『자연 속 야누스, 하구』『인도양에서 출발하는 바다 이름 여행』등이 있다.